AF263512

SERVICE DE SANTÉ.

RAPPORT ANNUEL

SUR L'ÉTAT SANITAIRE
DES TRAVAILLEURS DU CANAL MARITIME DE L'ISTHME
DE SUEZ

PAR LE DOCTEUR AUBERT ROCHE

MÉDECIN EN CHEF DE LA COMPAGNIE.

A Monsieur le Président de la Compagnie universelle
du Canal maritime de Suez.

1862 - 1863

PARIS

IMPRIMERIE CENTRALE DES CHEMINS DE FER

DE NAPOLÉON CHAIX ET Cⁱᵉ,

Rue Bergère, 20, près du boulevard Montmartre.

1863

SERVICE DE SANTÉ.

RAPPORT ANNUEL 1862-63.

RAPPORT ANNUEL 1862-1865

SUR L'ÉTAT SANITAIRE DES TRAVAILLEURS DU CANAL MARITIME

DE L'ISTHME DE SUEZ.

A Monsieur le Président de la Compagnie universelle du Canal maritime de Suez.

Alexandrie, le 15 avril 1863.

MONSIEUR LE PRÉSIDENT ,

De la Méditerranée aux lacs Amers, 11,628,800 mètres cubes de terre ont été fouillés et transportés ; à Port-Saïd, le creusement du port, du bassin de l'arsenal et les remblais sont en pleine activité. Le canal maritime est endigué dans toute sa largeur et creusé à travers les lacs Menzaleh et Ballah ; le seuil d'El-Guisr est traversé ; un canal de 15 mètres conduit les eaux de la Méditerranée au lac Timsah ; la ville d'Ismaïlia, chef-lieu des possessions et des travaux de la Compagnie, a été fondée et s'élève sur les bords du lac ; le canal maritime, commencé vers Suez, a dépassé Toussoum ; le seuil du Sérapéum est entamé ; enfin le canal d'eau douce, qui se rend à Suez, partant d'Ismaïlia, est terminé sur une longueur de 27 kilomètres.

1863

Tels sont les principaux travaux effectués cette année depuis le 1er avril 1862, et auxquels vingt dragues et des contingents de vingt et vingt-cinq mille hommes, se succédant sans interruption tous les mois, ont été employés.

Quel a été le résultat de ce vaste travail sur la santé publique et particulière ? La salubrité de l'isthme en a-t-elle été ébranlée, la santé atteinte ? l'avenir de nos établissements de tous genres et des travaux a-t-il été menacé ? Non. — La santé et la salubrité se sont maintenues aussi florissantes que par le passé. — Les espérances sont devenues des réalités ; plus que jamais le service de santé peut affirmer la salubrité de l'isthme. Le rapport que j'ai l'honneur de vous soumettre, monsieur le président, vous en donnera, par les faits qu'il contient, la preuve convaincante.

Organisation du service.

Un des grands journaux de Paris, rendant compte, l'année dernière, des affaires de la Compagnie, disait, au sujet de la santé des travailleurs dans l'isthme et de la salubrité, que les résultats dès lors acquis méritaient la plus grande attention, et qu'il serait utile de connaître les moyens par lesquels on était arrivé à une situation aussi satisfaisante.

Le procédé est fort simple. — Nous avons admis en principe que la médecine est l'art : 1° de prévenir la maladie ;

2° De la guérir ;

Et le service de santé a été organisé en conséquence.

Permettez-moi, monsieur le président, de dire quelques mots sur l'organisation de ce service dans l'isthme, organisation peu connue, et qui doit l'être, afin de pouvoir en apprécier les effets. — Dans l'intérêt de la santé et de la Compagnie, vous avez pris une décision très-heureuse, en adoptant comme base du service, la prévention de la maladie. En général, les académies, les écoles ont été instituées, surtout pour enseigner ou rechercher les moyens de guérison. A cette question, qu'est-ce que la médecine? on répond : c'est l'art de guérir la maladie. — Nous, nous répondons: c'est, avant tout, l'art de la prévenir.

Si le percement de l'isthme est le signal d'un mouvement commercial nouveau, il pourrait bien se faire que l'organisation du service de santé fût aussi le point de départ d'un progrès en médecine.

L'isthme a été divisé en circonscriptions; à la tête de chacune d'elles, a été placé un médecin, chargé du service, sous les ordres directs du médecin en chef, qui relève de l'agent supérieur de la Compagnie en Egypte.

Tout fait d'insalubrité, toute atteinte portée à la santé publique ou particulière sont immédiatement signalés et réprimés.

L'expérience dure depuis quatre ans. — Aussi, je puis dire cette année, avec plus de certitude que l'année dernière : l'isthme est une des contrées les plus saines du monde. — Or, garantir la santé dans l'isthme, c'est le peupler, c'est attirer les travailleurs, les négociants et les cultivateurs, c'est doubler la valeur des terrains à bâtir et des terres à cultiver, c'est rendre plus faciles les travaux du canal. — Éviter que des causes accidentelles ne viennent détruire les bénéfices naturels des localités, telle est la conséquence de l'organisation du service de santé.

Nous allons examiner comment ce service a fonctionné, quels sont les résultats de ce fonctionnement, et quel est l'état de la santé dans chaque circonscription.

Circonscription de Port-Saïd.

La circonscription de Port-Saïd s'étend sur une longueur de 30 kilomètres environ. Les terrains de cette circonscription, presque toujours couverte d'eau salée, sont au-dessous du niveau de la mer. Les remblais effectués dans ce but ont élevé le sol de la ville de Port-Saïd à 1 et 2 mètres au-dessus de ce niveau ; la ville est à l'abri des eaux, mais les eaux l'entourent de toutes parts.

Deux médecins européens se partagent le service de la ville et des environs. A Raz-el-Eche, distant de 16 kilomètres de Port-Saïd, réside un autre médecin, pour le service de cette localité et des dragues qui l'avoisinent. Les malades sont traités à domicile ou sont dirigés sur la maison de santé de Port-Saïd.

Un pharmacien-économe réside à Port-Saïd ; la maison de santé se compose de trois pavillons : l'un est consacré aux malades ; l'autre est destiné aux sœurs hospitalières qui viennent d'arriver ; dans le troisième se trouvent la pharmacie, le pharmacien et un médecin.

L'ambulance arabe est placée dans un bâtiment à part. Les pavillons, bâtiments, communs et magasins sont enfermés dans une enceinte ; l'établissement est presque complet ; douze lits ont été installés pour les Européens, dix lits pour les Arabes, ce qui a été suffisant. Sur une population de 1,200 Européens au plus, il n'a été soigné à la maison de santé que quatre-vingt-quinze individus, et trente individus seulement sur une population arabe d'environ 2,500. En général, les soins se donnent à domicile. On a la consultation, et chacun en use largement.

Un des deux médecins demeure près des chantiers.

Les travaux principaux, exécutés dans la circonscription de Port-Saïd, ont été le creusement du port et du bassin de l'arsenal, les remblais pour rehausser le sol de la ville, l'établissement d'un îlot en mer, à 1,500 mètres du rivage, les travaux dans les ateliers et sur les dragues, l'endiguement et le creusement du canal maritime, soit par les hommes, soit par les dragues.

Les mouvements de terres n'ont donné lieu à aucune maladie particulière ; quelques fièvres intermittentes simples se sont manifestées çà et là, le plus souvent sur des individus qui déjà les avaient contractées dans d'autres localités. On peut affirmer que ces travaux n'ont eu aucune action sur la santé, et que les dragueurs, terrassiers, remblayeurs et les gens qui les entouraient se sont tous très-bien portés.

Les médecins de Port-Saïd ont remarqué qu'à mesure que l'on apportait, soit des sables du rivage, soit des terres extraites par les dragues, afin d'exhausser le sol, les affections thorachiques et rhumatismales, ainsi que les diarrhées, diminuaient et avaient moins d'intensité. Ils ont constaté le même jour, à la même heure et dans la même exposition, que dans les lieux remblayés, il y avait une différence hygrométrique de 12 à 14 degrés en moins que sur les terrains non remblayés.

Quant aux maladies qui ont pu résulter des autres travaux, elles ont été à peu près nulles, à peine quelques accidents. Au reste, il suffit de voir l'installation des ateliers et des divers travaux pour comprendre qu'avec un climat comme celui de Port-Saïd, la bonne santé doit être la règle.

La mortalité chez les travailleurs européens a été de 1.40 pour 100. En France, elle est de 1.94 pour 100 dans les meilleures conditions.

Ce chiffre peu élevé de la mortalité nous a étonnés, surtout en présence des nombreuses affections de toute nature qui ont frappé la population grecque. A ce sujet, il s'est produit un fait qui mérite d'être noté. Cette population, venue de divers points, s'est établie dans un village qu'elle avait construit de l'autre côté de la jetée, malgré les réclamations des médecins. Entassée dans des chambres étroites, au milieu de hardes et de débris de toute sorte, cette population se trouvait dans des conditions déplorables d'insalubrité, et se nourrissant mal, elle a fourni le plus grand nombre de malades.

Aujourd'hui, ce village a été détruit. A sa place se sont élevées des habitations larges et spacieuses, et l'effet de cette mesure s'est immédiatement fait sentir. Il en a été des nouvelles habitations pour les Grecs comme des remblais pour toute la ville. Le nombre des malades a de suite diminué.

Il est de toute nécessité que le remblai de la ville
se termine, afin que les rues prennent une pente vers
la mer, et permettent d'établir des égouts pour re-
cueillir les eaux ménagères et autres. Le remblai fera
disparaître les causes d'insalubrité qui peuvent encore
exister. Il permettra d'entretenir plus complétement la
propreté de la ville ; l'eau du Nil arrivera bientôt en
abondance ; le travail qui doit amener cette eau mar-
che avec activité.

Port-Saïd n'a rien perdu de sa réputation de salubrité. Elle a même gagné sous ce rapport, mais le
remblai terminé et l'eau arrivant en abondance, Port-
Saïd, par son exposition, sera bien certainement une
des villes les plus salubres du littoral de la Méditerranée.

Circonscription de Kantara.

Cette circonscription comprend généralement des
terrains, soit au niveau de la mer, soit peu élevés au-
dessus de ce niveau, lesquels sont inondés chaque année à l'époque où les eaux du lac Menzaleh augmen-
tent par suite de la crue du Nil. Elle s'étend sur une
longueur d'environ 30 kilomètres. Le désert est rap-
proché. Le climat de cette circonscription peut être
classé, en raison de ses terrains salés, comme moitié
sec et moitié humide. L'établissement de Kantara est
situé sur le plateau assez élevé qui borde la route de
Syrie ; les conditions de salubrité ne laissent rien à désirer.

Le service de santé de Kantara est placé sous la surveillance d'un médecin européen. Il a sous ses ordres
un aide-pharmacien et un effendi arabe, aide-médecin.

La maison de santé de la circonscription reçoit les malades qui ne peuvent être traités à domicile. Elle est citée pour sa bonne tenue et sa magnifique situation qui domine tout le pays. Lorsque les travaux sont éloignés, l'effendi arabe demeure sur le chantier, où des tentes d'ambulance sont dressées. Il y a eu jusqu'à six mille hommes dans ces chantiers. Les travaux du canal à Kantara ont occupé, dans l'année, près de vingt mille hommes. Il n'y a eu que dix-neuf morts, ce qui représente 0.60 pour 100 sur une population sédentaire. Le personnel européen était de cinquante personnes. Il n'y a pas eu un seul décès. Le malade le plus gravement atteint a été le docteur lui-même, qui a failli succomber à une hépato-céphalite, contractée dans ses courses au chantier du Cap.

Les travaux effectués dans la circonscription de Kantara ont tous été faits à main d'homme. Un canal de 15 mètres de largeur a été creusé sur presque toute la longueur de la circonscription. Du côté de l'Afrique, une carrière à plâtre est exploitée dans le lac Ballah. Ces travaux de terrassements n'ont eu aucune influence sur la santé. J'ai vu plusieurs milliers d'Arabes, travaillant au mois de janvier dans l'eau et par un froid assez intense ; j'ai constaté qu'il n'y avait pas de malades, à peine quelques rhumes. Un travail semblable, exécuté par des Européens, aurait donné des bronchites, des pneumonies et des affections rhumatismales aiguës par centaines.

Il s'est passé dans la circonscription un fait qui mérite d'être pris en considération. Au Cap, se trouvait un chantier chargé d'enlever les terres, qui sont assez élevées sur ce point. C'était à la fin de mai dernier; le canal n'étant pas encore endigué sur certaines parties basses, on avait dû retenir les eaux de la rigole par un barrage fait au Cap même. Là s'arrêtaient les barques et les transports venant de Port-Saïd. Les Arabes du chantier faisaient leurs ablutions dans cette rigole. Malgré toute la surveillance possible, ils allaient souvent satisfaire des besoins d'un ordre tout opposé. Ces eaux n'ayant plus leur pente nécessaire, ne tardèrent pas à se putréfier. Sans écouter les avis réitérés du médecin, les travailleurs s'étaient installés à l'abri des terrains du Cap et sous le vent de la rigole, de telle sorte que les émanations portaient sur le campement. Les miasmes s'y accumulèrent, et des cas de fièvre bilieuse ne tardèrent pas à se déclarer en assez grande quantité. Le campement fut immédiatement transporté au-dessus du barrage et sur le vent. On fit écouler une partie des eaux de la rigole, et ces fièvres disparurent.

Les travaux exécutés à Kantara, comme à Port-Saïd, cette année, constituent une large expérience sur la salubrité ou l'insalubrité du travail. L'expérience faite dans les lacs, dans les terrains bas, humides ou inondés, est concluante. La rigole, creusée l'an dernier, et où des milliers de mètres cubes de terre et de vase avaient été remués, nous avait déjà convaincus de l'innocuité de ces opérations; cette année, on compte par millions les mètres cubes déblayés, et la santé s'est maintenue, je ne dirai pas seulement bonne, mais meilleure que dans les pays de l'Europe, même les plus salubres. A Kantara, la seule chose qui manquât, c'était l'eau du Nil en abondance; elle y sera vers la fin de mai.

Circonscription du seuil d'El-Guisr.

Cette circonscription ne compte que 15 kilomètres. C'est elle qui a réuni cette année le plus grand nombre de travailleurs, et où le service de santé a été le plus actif. En neuf mois, cent cinquante mille hommes ont passé dans ses chantiers et ont tranché à coups de pioche le principal obstacle à la réunion des deux mers. Près de 5 millions de mètres cubes de terre ont été transportés à dos d'hommes dans des couffes. Un canal de 15 mètres amène les eaux de la Méditerranée dans le lac Timsah. Ce travail a donné naissance à la ville du Seuil. On a compté sur ce point jusqu'à cinq cents Européens et quinze cents Arabes en résidence fixe.

Le service de santé, vu l'importance du travail et l'agglomération des individus, se composait de deux médecins européens et deux médecins arabes, d'un pharmacien-économe, d'un aide-pharmacien et de trois effendis (aides-médecins). La maison de santé pour les Européens et les Arabes était installée au Seuil, centre des services; sur les chantiers, il y avait deux ambulances; les Arabes malades étaient traités à l'ambulance. On n'envoyait à la maison de santé que les Arabes blessés et les Européens. Ce service a très-bien fonctionné et a pu suffire dans toutes les circonstances, grâce au zèle et à l'activité du personnel. Nous disposions de dix lits pour les Européens et de cinquante pour les Arabes. Pendant la période des travaux, il n'y a eu que cinquante malades européens à la maison de santé, et parmi les Arabes des contingents qui se sont élevés à cent quarante et un mille sept cents hommes, il n'y a eu que onze cent vingt-sept malades.

Les Arabes sédentaires et les Européens étaient principalement traités à domicile ou à la consultation. De tout ce personnel, il ne reste plus qu'un médecin chargé du service dans cette circonscription, le reste a été transféré soit à Ismaïlia, soit à Toussoum, soit à Geneffé.

Les travaux exécutés au Seuil n'ont été que des travaux de terrassements, sables et glaises à remuer et à transporter, le tout dans de telles conditions de sécheresse qu'on ne trouvait des traces d'humidité qu'au niveau de la mer.

Aussi ces travaux n'ont-ils exercé aucun effet sur la santé. Quelques cas de congestions cérébrales ont eu lieu aux mois de juillet et d'août; ils auraient pu être attribués à la nature du travail. Une enquête faite par le médecin apprit que les travailleurs, pendant les heures de repos, dormaient en plein soleil au fond de la tranchée ; que souvent ils se réveillaient avec de violentes douleurs de tête et éprouvaient des vertiges, et que ceux qui avaient succombé s'étaient trouvés dans ces conditions. D'après cette indication, l'ordre fut donné de ne plus dormir dans la tranchée, et les congestions disparurent.

Une des causes qui a le plus contribué à maintenir la santé des travailleurs, c'est l'abondance et la qualité de l'eau; une rigole partant du canal d'eau douce qui arrive à Ismaïlia, apportait l'eau du Nil jusqu'au pied des travaux; de là, elle était distribuée dans tous les chantiers; pendant l'été, nul n'a manqué de cette eau du Nil dont la réputation est justement méritée, et dont nous avons pu constater les bons effets; aussi, cette année, les affections du tube intestinal ont été moindres ; les embarras gastriques, fréquents l'année dernière, ne se sont presque plus présentés.

Pendant l'exécution de la tranchée du Seuil, un incident grave est survenu sur lequel je dois d'autant plus m'arrêter que l'on a tenté de s'en servir pour élever des doutes sur la salubrité de l'isthme et la bonne organisation du travail, tandis qu'au contraire il a achevé de démontrer l'une et l'autre.

Au mois de mai, à l'arrivée du contingent de Kénè (haute Égypte), une assez grande quantité de travailleurs de ce contingent tombèrent subitement malades. Bientôt un examen attentif fit reconnaître aux médecins des symptômes typhoïques; quelques individus moururent dans un état comateux. On put constater que l'on avait affaire à une espèce de typhus ou de fièvre typhoïde, se présentant sous une forme particulière due à la race et au climat; de plus, nous apprîmes que ce contingent avait laissé en route des malades et des morts. Des précautions furent prises, les malades furent disséminés sous des tentes et dans des baraques. Le contingent qui avait apporté la maladie sans être mis en quarantaine, fut isolé et disséminé dans un large espace; on ordonna des mesures de propreté et de ventilation ; tout se fit sans bruit, et immédiatement la maladie entra en décroissance. Ce contingent comptait mille huit cent vingt-cinq hommes ; les autres contingents, vingt mille six cents. Il n'y eut pas de séquestration, et cependant les hommes de Kénè seuls ont été atteints. Cinq cent douze individus plus ou moins malades sont entrés à l'ambulance. Il n'y a eu que

vingt et un morts. Le service de santé seul a été dou-
loureusement frappé; le docteur Dougoin a succombé
à cette maladie.; le docteur Ibraïm et le pharmacien-
économe Voss ont été gravement atteints, ainsi que
quatre Arabes, infirmiers servants. Nul autre ne l'a été
sur le Seuil, ni parmi les travailleurs arabes, ni parmi
les ouvriers ou employés européens.

Ce qui venait de se passer au Seuil nous avait donné
la certitude que la maladie était venue du dehors, qu'elle
avait été apportée par le contingent de Kénè, et qu'elle
s'était éteinte sur le Seuil même, sans pouvoir s'y ré-
pandre ; preuve nouvelle de la salubrité; mais où et
comment cette maladie avait-elle pris naissance ? Ceci
nous était inconnu et nous préoccupait, car, certains
prétendaient que la maladie avait éclaté en route, et
qu'indirectement nos travaux en étaient la cause. J'ai
fini par découvrir l'origine de la maladie : nous avons
été avertis au mois de février qu'une épidémie de typhus
ou de fièvre typhoïde existait dans sept villages, près de
Kénè, et nous avons appris que l'année dernière, ainsi
que l'année antécédente, cette même maladie avait
existé dans ces mêmes villages, à la même époque :
or, ces villages avaient fourni le contingent infecté qui
nous a apporté la maladie sur le Seuil. Des ordres ont été
donnés pour que les contingents, arrivant de la haute
Egypte, soient visités, et nous pouvons affirmer que le
fait qui a eu lieu ne se renouvellera plus.

Malgré cette circonstance toute particulière, la mortalité bien constatée, parmi les contingents, n'a été que
de soixante-seize individus, soit 0.43 pour 100, ce qui
est insignifiant; chez les Européens la mortalité a été

de 1.60 pour 100 ; ces chiffres en disent plus que des mots, aussi, je ne parlerai pas de l'établissement du Seuil, de sa position comme salubrité : on ne pouvait mieux choisir. L'eau du Nil se trouvait encore à 2 kilomètres, aujourd'hui la machine hydraulique d'Ismaïlia la lui envoie dans un magnifique bassin, situé près de la mosquée. C'est le complément de la salubrité du Seuil.

Circonscription d'Ismaïlia.

Ismaïlia est une ville toute nouvelle, fondée sur l'emplacement où se trouvait le campement de Timsah, au débouché du canal d'eau douce dans le lac, et à 2 kilomètres du point où y débouche aussi le canal maritime. Cette ville se trouve placée au centre de l'isthme, au bord du lac, sur un vaste et magnifique plateau ; le service des travaux, qui se trouvait à Damiette, vient de s'y installer ; des habitations pour plus de quatre cents Européens ont été construites, sans compter les magasins, les ateliers et le village arabe ; comme position d'une ville et comme salubrité il est difficile de mieux choisir.

La circonscription d'Ismaïlia s'étend jusqu'à Rhamsès, sur le canal d'eau douce, et Bir-Abou-Ballah ; le service de santé concentré dans la ville et les environs, se compose d'un médecin, d'un effendi aide-médecin, d'un pharmacien-économe et d'un aide-pharmacien ; deux ambulances, une avec huit lits pour les Européens, l'autre pour les Arabes, ont été provisoirement établies en attendant la construction de la maison de santé.

Les travaux effectués à Ismaïlia ont été des constructions, quelques nivellements, des terrassements pour

amener le canal d'eau douce devant la ville, et commen-
cer celui qui doit conduire l'eau douce à Suez. Pendant
ces travaux, la santé des Européens et des Arabes a été
aussi parfaite que possible ; seulement, pendant les mois
froids de l'hiver il y a eu exception chez les nègres et
les Barbarins. Ce fait a donné lieu à des observations
assez curieuses.

A Ismaïlia, comme au Seuil et dans tous les environs
du lac Timsah, on ignore ce que c'est qu'une maladie
de poitrine, phthisie, pneumonie ou pleurésie. Cette année
là température, pendant les mois de janvier et février,
est descendue très-bas le matin, à quelques degrés au-
dessus de zéro. Les Européens et les Arabes en étaient
quittes pour quelques rhumes, mais leur santé n'était
pas ébranlée. Les nègres et les Barbarins, au contraire,
ont été frappés par une épidémie de pneumonies.
Ces malheureux sont généralement adonnés à l'alcool.
Le soir, ils se réunissaient autour d'un feu, buvaient de
l'eau-de-vie, puis s'endormaient ; bientôt le feu s'éteignait
et ils étaient saisis par le froid. Le matin, ils toussaient,
et, sous la première influence du mal, ils restaient à la
même place. Ce n'était que le lendemain que l'on venait
chercher le médecin ; il était trop tard ; plusieurs individus ont péri ainsi, mais des mesures sont prises pour
évider autant que possible de pareils suicides.

Au sujet d'Ismaïlia, une question importante a été
soulevée. Le conseil d'administration, dans sa sollicitude pour les travailleurs de l'isthme, ayant appirs que
le trop plein du canal d'eau douce se déversait dans le lac
Timsah, a craint de voir ce mélange des eaux douces
et des eaux salées donner naissance à des fièvres de

2

mauvais caractère, comme cela se présente dans diverses contrées de l'Europe. Cette question était depuis longtemps le sujet de nos observations et de nos investigations. Voilà ce qui se passe en Egypte et ce que j'ai vu : chaque année, à la crue du Nil, ses eaux se versent dans le lac Menzaleh qui communique avec la Méditerranée ; les eaux douces et les eaux salées sont mélangées à tous les degrés de salure depuis 0 jusqu'à 6 et 8 degrés. Le lac ne manque pas de végétaux, il réunit toutes les conditions pour engendrer les fièvres les plus pernicieuses. Or, il n'en existe ni à Menzaleh, ni à Matarieh, ni à Damiette et autres lieux habités sur le lac. La population des lacs surtout est une des plus vigoureuses et des mieux portantes de l'Égypte. On m'a assuré que le même fait se reproduit sur le lac Bourlos. Le mélange des eaux douces et des eaux salées n'occasionne pas de fièvre en Égypte ; c'est un fait heureusement contraire à la science d'Europe.

Le lac Timsah se trouve dans des conditions à peu près identiques ; il devait recevoir d'un côté l'eau de la Méditerranée, et, de l'autre, le trop-plein du canal d'eau douce. Mais comme il y a au fond du lac une couche de sel qui, dans certains endroits, est de plus d'un mètre, prenant pour base ce qui se passe dans le lac Menzaleh, nous avons pensé que l'on pouvait, sans crainte, y laisser pénétrer l'eau douce ; seulement nous avons indiqué, comme précaution, de ne pas laisser la salure de l'eau descendre au-dessous de 3 degrés de l'aréomètre, qui est la salure moyenne de l'eau de mer. Lorsque l'écoulement du trop-plein s'est arrêté, l'eau du lac marquait 2 degrés 75. Elle se concentrera de nouveau par l'évaporation.

La position d'Ismaïlia réunit toutes les conditions désirables de salubrité. Les Européens et les Arabes qui ont habité ce chantier y ont joui d'une santé excellente, seulement il ne faut pas laisser se vicier les conditions de cette salubrité; il faut, lorsque l'on fonde une ville, prendre à l'avance toutes les mesures hygiéniques nécessaires, bien aérer les rues et les maisons, faire en sorte que les eaux s'écoulent facilement. Il faut que des égouts soient construits pour recevoir les eaux ménagères et autres, qu'un système de fosses d'aisances soit bien établi, que le sol des rues soit solidifié, afin que l'on puisse par tous les moyens entretenir la propreté de la ville : et de sévères dispositions sont nécessaires, surtout dans le village arabe, afin que la salubrité et la santé publique ne soient pas compromises.

Je ne parle pas de l'eau : le canal arrive devant la ville; il arrose déjà des plantations de palmiers qui ont été faites autour de la place Champollion; seulement il faut aviser à ce que cette eau soit maintenue pure et salubre.

Circonscription de Toussoum.

La circonscription de Toussoum a été établie aussitôt que le Seuil a été terminé. Partie des travailleurs ont été reportés de l'autre côté du lac Timsah, au pied du Dgebel-Mariam, partie sur le canal d'eau douce qui se dirige vers Suez. Cette circonscription embrasse le côté sud du lac, comprend le seuil du Sérapéum et s'étend jusqu'aux lacs Amers; sa longueur est de 25 kilomètres environ. 70,000 hommes ont été employés dans cette circonscription aux travaux déjà effectués.

Jusqu'au mois d'avril de cette année, le service de

santé a été sous la direction de deux médecins européens, l'un pour le canal d'eau douce, l'autre pour le
canal maritime. Sur chaque travail il y avait une ambulance, avec un médecin arabe ; un aide-pharmacien
et trois effendis aides-médecins, complétaient le service.
Les malades graves et les Européens devaient être soignés à la maison de santé de Toussoum. Il y avait
huit lits pour les Européens et six lits pour les Arabes.
Chose remarquable, ces lits ont été à peu près inutiles.
Jamais la santé n'a été plus satisfaisante : pas même
un malade par 1,000 hommes et une mortalité de 0.26
pour 1,000. Les Européens n'ont eu qu'un mort, et encore était-ce une dyssenterie chronique venant des
carrières du plateau des Hyènes.

Les travaux effectués ont consisté en terrassements
sur le canal maritime. Du lac au pied de Toussoum,
6 kilomètres ont été creusés dans des terrains bas, humides ; le Sérapéum est entamé sur 2 kilomètres. 27 kilomètres du canal d'eau douce ont été terminés sur
une largeur de 12 mètres. L'eau dépasse la tête des
lacs Amers : on y navigue.

Les chiffres ci-dessus de la mortalité démontrent que
l'influence des travaux sur la santé a été nulle. A quoi
attribuer cette santé parfaite ? Ici les conditions de salubrité sont les mêmes, ou à peu près, que sur le Seuil,
l'eau est aussi abondante ; il n'y a eu de différence
pendant les travaux que dans la température : aussi
est-ce à cette différence que l'on doit l'attribuer.

Ces cinq circonscriptions embrassent tous les travaux
qui ont été effectués cette année ; c'est sur elles que
les travailleurs ont été concentrés : aussi est-ce sur elles

que l'attention doit être appelée, afin de se rendre
compte de l'influence des travaux sur la santé des
travailleurs et de la salubrité de l'isthme. Toutefois
je noterai les deux circonscriptions de Geneffé et de
Suez, afin d'indiquer l'ensemble du service sur la ligne
du canal maritime et du canal d'eau douce.

Circonscription de Geneffé et de Suez.

La circonscription de Geneffé a été constituée le
1er avril; elle s'étend de la tête des lacs Amers, les
contournant, jusqu'à Cheloup-el-Terraba sur une longueur de 30 kilomètres environ. Son centre est pris
des carrières de Geneffé, où doivent s'exécuter d'im-
portants travaux. Ces carrières fourniront les pierres
nécessaires aux jetées et à l'enrochement du canal. Le
service de santé est concentré aujourd'hui sur le canal
d'eau douce; le canal terminé, il reviendra s'installer
aux carrières. Un médecin européen, un médecin arabe et
un effendi aide-médecin, qui étaient à Toussoum, sont
attachés à cette circonscription. Des lits pour les Européens et pour les Arabes sont établis sous des tentes.
Tout est prêt afin de donner aux travailleurs des secours en cas de maladie ; le service est assuré.

La circonscription de Suez s'étendra des lacs Amers
à Suez, 25 ki'omètres. Il n'y a rien encore d'organisé.
Il n'existe à Suez que l'ingénieur de la division et son
bureau d'études. En cas de maladie, le médecin du gou-
vernement égyptien, qui réside à Suez, peut lui donner
des soins.

Ces deux circonscriptions complètent le service sur
toute la ligne de Port-Saïd à Suez.

Circonscription de l'Ouady.

Cette dernière circonscription comprend tout l'Ouady; là se trouve le centre du service agricole de l'isthme. Un médecin arabe ayant étudié en Europe est attaché au service de cette belle propriété, il en surveille la salubrité, et doit donner ses soins non-seulement aux Européens qui l'habitent, mais encore aux fellahs et aux Arabes qui la cultivent. Il vaccine les enfants; il doit en outre surveiller les contingents qui se rendent sur les travaux ou en reviennent; son service s'étend d'un côté jusqu'à Maxamah, de l'autre jusqu'à Zagazig, où la Compagnie a des magasins.

La salubrité de l'Ouady est aujourd'hui bien constatée et chaque jour elle va en augmentant, car les cultivateurs comprennent qu'il est de leur intérêt de ne pas laisser perdre l'eau, et de dessécher les terrains inondés; de plus, la population sait qu'elle a dans la Compagnie une garantie de sécurité et d'avenir par suite de la bonne administration de l'Ouady. La population, qui avait émigré depuis vingt ans, et qui autrefois était de 20,000 habitants, commence à revenir; on compte aujourd'hui sur la propriété 10,000 individus, il n'y en avait que 4,500 l'année dernière. Par suite du prix des cotons, jamais le bien-être n'a été aussi grand qu'aujourd'hui.

Tout concourt donc à chasser la misère du milieu de ces populations, par conséquent à augmenter la santé; de plus, les cultivateurs savent que s'ils sont malades, ils peuvent réclamer les soins du médecin, et ils commencent à rechercher ses avis. Les relevés de la population, régulièrement tenus, constatent que la mortalité n'a été pendant les six mois d'hiver que de 1.52 pour 100 ; le chiffre des malades soignés a été à peu près de 365 dans l'année.

Je ne sais si je ne me trompe, mais il me semble que l'Ouady pourrait bien être un jour pour les campagnes d'Egypte le point de départ d'un mouvement général vers le bien-être, par suite des exemples et des résultats obtenus dans le domaine.

Annexes.

Dans votre sollicitude, monsieur le président, vous avez voulu que tous les employés, même en dehors de l'isthme, reçussent les secours médicaux de la Compagnie. Un service avait été organisé à Damiette. J'ai dû, d'après vos ordres, en organiser un à Alexandrie et un autre au Caire.

Alexandrie, Caire. — Dans la première de ces villes réside l'administration supérieure de la Compagnie ; dans la seconde se trouve le service de l'intendance. Il n'y a donc là que des employés. Les conditions médicales et sanitaires de ces deux villes sont connues. La santé des employés rentre dans des conditions toutes différentes de celles de l'isthme : aussi dans ces deux villes n'avons-nous organisé qu'un service médical. Un médecin de la ville, choisi par la Compagnie, a été chargé de visiter les malades qui lui sont adressés. Un pharmacien, également choisi, délivre les médicaments ordonnés. Un règlement spécial a été adopté, qui assure à chaque employé, à sa femme et à ses enfants les secours médicaux, et donne en même temps à la Compagnie toute garantie contre les durées trop prolongées de maladie, de convalescence et de permis de séjour.

Ce service, organisé d'après l'expérience, donnera, je pense, d'excellents résultats.

Damiette. — Je ne parle de cette ville que comme souvenir. Jusqu'aujourd'hui elle était le centre du service des travaux; ce centre vient d'être transporté à Ismaïlia. Il y avait un médecin et un aide-pharmacien chargés de donner aux différents employés les secours médicaux. Les conditions médicales de Damiette sont les mêmes que celles des autres villes de l'Égypte. La santé des employés n'a été ni plus ni moins atteinte que celle des employés au Caire et à Alexandrie ou de tous autres Européens habitant une ville quelconque de l'Égypte.

Approvisionnements.

Nous venons d'examiner l'influence des travaux et des localités sur la santé; nous avons donné une idée générale de l'organisation du service et cité différents faits à titre d'enseignement. Un mot sur les approvisionnements.

Cette question, dès le début de l'entreprise, a toujours été l'une des plus difficiles et des plus délicates, surtout dans le milieu du désert. Depuis l'ouverture du canal d'eau douce à la navigation et l'organisation définitive de l'intendance, la question a fait un grand pas; les approvisionnements sont devenus plus faciles et plus abondants. Le service de santé, qui quelquefois avait à se plaindre de la qualité des objets, a vu se

faire une amélioration telle, surtout sur le pain, le vin
et la viande, qu'il reste peu à envier aux villes d'A-
lexandrie et du Caire. Les légumes frais commencent
même à arriver, mais c'est encore le point faible de
l'alimentation; malgré tous les efforts, on en manque,
ce qui est dû à l'éloignement des localités où se font
ces cultures.

La liberté du commerce et l'installation d'un village
arabe, près des centres, ont amené une foule de petits
marchands, qui procurent toutes sortes d'objets et de
denrées. Des marchés ont été passés pour la fourniture
du pain, du vin et de la viande, objets de première
nécessité; en outre, les magasins de la Compagnie
restent approvisionnés d'une certaine quantité d'objets,
tels que sucre, café, conserves, huile, etc., etc., afin
que le commerce libre ne puisse faire à son gré une
hausse exagérée, ou bien fournir des denrées de mauvaise qualité. Chaque jour, le poisson devient plus
abondant : d'un côté le canal maritime, bientôt le lac
Timsah, de l'autre le canal d'eau douce, en fourniront
en abondance; il s'agit, comme à Port-Saïd, de se donner la peine de le prendre. Des hôtels, des restaurants,
ont été établis; on y vit bien, mais les prix sont encore
élevés. Ce qui manque au point de vue d'une bonne
alimentation et ce que la Compagnie ne peut procurer,
ce sont de bons cuisiniers; il y en a quelques-uns,
mais, en général, ils ne savent pas accommoder et varier
les matières qu'ils emploient dans l'alimentation.

La surveillance des approvisionnements est exercée
par le médecin; dans chaque circonscription il est spé-
cialement chargé, aux termes de l'art. 6 du règlement

sur l'organisation du service de santé, de vérifier et constater la qualité des vivres, aliments et boissons. Les rapports sanitaires de chaque quinzaine font foi que les médecins s'acquittent avec zèle de cette partie de leur service, qui est une des plus importantes. Nous avons constaté que la qualité des aliments et boissons a toujours eu une influence directe sur la santé et la maladie; que, quand le pain, ou la viande, ou le vin, et surtout l'eau, étaient de qualité inférieure ou mauvaise, immédiatement les pesanteurs d'estomac, les embarras gastriques et les diarrhées se manifestaient ou s'aggravaient.

La question des approvisionnements et de leur qualité dépend surtout de la facilité des communications; chaque fois, la qualité des aliments et des boissons s'en est ressentie, et par suite l'état sanitaire : aussi, monsieur le président, j'appelle sur cette facilité de communication toute votre attention; c'est le seul moyen d'avoir des vivres frais et abondants, de maintenir et d'améliorer la santé générale.

A côté du bien se trouve trop souvent le mal : la liberté du commerce, la facilité des communications, ont amené sur les chantiers une quantité de vendeurs d'alcool, de liqueurs, d'absinthe, etc., etc. Malgré vos défenses, malgré nos avis, on en fait usage, abus. C'est un commerce public, que faire ? Certes ils en sont bien punis; car l'abus de l'alcool compte pour près de moitié dans la maladie et la mortalité chez les Européens.

Je n'ai pas parlé des approvisionnements en biscuits, huiles, lentilles, etc., destinés aux Arabes des contingents : ils sont abondants et excellents; l'intendance veille sévèrement à ce que tout ce qu'elle achète et fournit soit de bonne qualité.

En résumé, le service de santé a constaté cette année une amélioration notable dans la qualité des approvisionnements, et par suite une amélioration dans la santé.

Salubrité générale.

La salubrité de l'isthme est aujourd'hui un fait acquis; il s'agit de ne pas la diminuer et de veiller à ce qu'on ne lui porte aucune atteinte. Cette position tout exceptionnelle impose au service de santé une surveillance de tous les instants, afin que les travaux et établissements nouveaux ne viennent pas détruire ce que la nature a si bien organisé.

Nous avons pu constater qu'il y avait progrès dans les installations : les maisons se construisent mieux, les matériaux et les objets nécessaires aux habitations sont plus abondants et plus faciles à se procurer. La tente a presque disparu, excepté à Ismaïlia où l'on vient de s'établir, et dans les campements mobiles; les aménagements sont plus confortables. Partout on surveille la propreté : les immondices sont enlevées et portées à distance des habitations et sous les vents régnants ; des lieux viennent d'être installés : ils laissent à désirer. C'est, du reste, avec les eaux ménagères, une des questions de salubrité des plus difficiles, même en Europe. Pour les eaux ménagères, on les fait jeter là où on le juge le plus convenable ; il faudrait que le sol fût solidifié, qu'il y eût des pentes, des égouts, afin que les terrains ne s'imprègnent pas de substances délétères et

que les eaux ne forment pas des cloaques : c'est ce qu'il
y a de plus dangereux pour la santé publique. Du reste,
on fait tous ses efforts pour maintenir la propreté ; dans
chaque centre il y a un service spécial de salubrité.

La présence de l'eau douce sur tous les points de
l'isthme, et en abondance, va venir en aide à la propreté ;
de plus, elle permettra d'établir des lavoirs et des
bains : jusqu'à aujourd'hui on ne blanchissait que juste
le nécessaire : l'eau était trop précieuse; rarement on
prenait des bains d'eau douce. Ces établissements, bien
installés, produiront sur la santé les meilleurs résultats.

Parmi les mesures générales de salubrité qui ont
été ordonnées, il en est une qui a parfaitement réussi :
c'est l'établissement d'un dispensaire. Les Arabes l'ont
très-bien accepté ; l'essai fait cette année a donné des
résultats satisfaisants, et nous a montré que, lorsque
l'organisation sera complète, les cas de maladie devien-
dront fort rares. Tout dépend de la surveillance des
cawas (agents de police) ; lorsqu'elle a été bien faite,
nous avons pu constater une diminution sensible de la
maladie, et sa disparition du chantier. La création d'un
moudir (gouverneur) dans l'isthme par le vice-roi, et
l'installation de la police du pays sous les ordres de
ce moudir, vont permettre d'assurer l'exécution des
mesures prescrites.

Les moyens de conserver la santé ne consistent pas
seulement à avoir action sur le physique, mais encore
sur le moral : il est la source de bien des maladies.
Malheur, dans le désert, à celui qui a des idées som-
bres ! Le physique s'en ressentira. Aussi, monsieur le
président, avez-vous pris une excellente mesure en or-

dönnant que des cercles soient établis dans chaque centre. Le Seuil, Kantara, ont installé leur cercle ; Port-Saïd, Ismaïlia, l'organisent. Par la réunion, les conversations, les lectures, on sera en communication avec l'Europe et on se connaîtra mieux. Agir ainsi, c'est combattre la nostalgie, les idées tristes ; c'est relever le moral, ou du moins empêcher son affaissement ; c'est donner au physique les moyens de réagir contre la maladie. Je crois que la santé, dans l'isthme, ne peut que gagner à ces réunions.

Il est constant que, cette année, la salubrité a été maintenue ; que les mesures de propreté ordonnées ont eu des résultats appréciables, surtout avec des chantiers de 20,000 hommes. Il y a amélioration ; ce progrès a nécessairement eu sa part d'influence sur l'état florissant de la santé dans l'isthme.

Climatologie.

Les circonstances météorologiques varient peu dans l'isthme ; elles sont presque uniformes. Ainsi, cette année, il y a eu moins de kamsin (vent du sud) ; l'hiver a été plus froid, c'est-à-dire que le thermomètre est descendu de 4 ou 5 degrés plus près de zéro que l'année dernière.

Le tableau suivant, dû au travail et au zèle de M. le docteur Zarb, donnera l'idée du beau climat de Port-Saïd et du pays qui l'environne.

TABLEAU MÉTÉOROLOGIQUE DE PORT-SAÏD.

31.15° LATITUDE — 30° LONGITUDE.

RÉSUMÉ DE L'ANNÉE.

THERMOMÈTRE. — *Moyenne de :*

1862.	JANVIER	FÉVRIER	MARS	AVRIL	MAI	JUIN	JUILLET	AOUT	SEPTEMBRE	OCTOBRE	NOVEMBRE	DÉCEMBRE
Lever du soleil	13.0	14.0	15.5	13.1	20.2	24.7	26.6	25.4	24.1	23.3	20.7	12.5
2 h. après midi	17.4	17.8	20.0	22.6	24.8	28.5	32.0	30.8	28.5	26.3	25.3	18.1
Maxima	17.8	18.8	20.5	22.9	25.0	29.1	32.7	31.2	29.2	26.7	25.5	18.4
Minima	11.3	12.7	13.8	16.6	18.0	22.8	24.9	23.3	22.3	21.4	19.4	11.0
Therm. au soleil	22.5	20.3	27.0	31.2	29.5	32.3	36.0	34.7	32.0	30.0	28.5	22.8
Diff. lever et 2 h. après midi	4.3	4.0	5.0	4.4	4.4	4.5	5.6	5.3	4.5	3.1	4.0	5.2
5 observ. par jour	15.4	16 0	17.3	19.8	21.6	26.4	28.6	27.5	26.0	24.6	22.9	15.6

TOTAUX ET MOYENNE DE L'ANNÉE :
Moyenne de l'hiver . . . 15.
— du printemps 19.
— de l'été . . . 27.
— de l'automne 24.
— de l'année . . 21.
Moyenne des maxima à l'ombre . . . 24.
— au soleil . . 28.
Différence entre les deux maxima . . . . . 4.

HYGROMÈTRE. — *Moyenne de :*

1862.	JANVIER	FÉVRIER	MARS	AVRIL	MAI	JUIN	JUILLET	AOUT	SEPTEMBRE	OCTOBRE	NOVEMBRE	DÉCEMBRE
Lever du soleil	85.0	82.2	80.3	81.0	84.0	84.4	77.0	78.5	77.9	75.8	78.6	85.3
2 h. après midi	82.1	78.2	78.1	77.5	72.8	73.7	71.0	72.8	74.2	74.2	73.3	71.2
5 observ. par jour	83 6	80.3	79.7	78.8	77.2	76.8	74.3	75.2	76.5	75.0	75.9	73.1

TOTAUX : Différence entre le mois le plus froid et celui le plus chaud de l'année . . . . 13.

BAROMÈTRE.

1862.	JANVIER	FÉVRIER	MARS	AVRIL	MAI	JUIN	JUILLET	AOUT	SEPTEMBRE	OCTOBRE	NOVEMBRE	DÉCEMBRE
Moyenne de	763.0	763.6	761.3	761.7	760.1	758.8	757.2	758.1	759.4	762 7	761.6	663.7

TOTAUX :
Différence entre le plus haut maxima et le plus bas minima . . 6 7
Différence entre la température du lever du soleil et celle 2 h. apr. m. moyenne de l'année. 4 5

ROSÉE.

1862.	JANVIER	FÉVRIER	MARS	AVRIL	MAI	JUIN	JUILLET	AOUT	SEPTEMBRE	OCTOBRE	NOVEMBRE	DÉCEMBRE
Drosomètre, gramm.	165	93	56	115	164	55	34	15	73	39	62	103

TOTAUX : Jours, 63. Grammes, 994.

PLUIE.

1862.	JANVIER	FÉVRIER	MARS	AVRIL	MAI	JUIN	JUILLET	AOUT	SEPTEMBRE	OCTOBRE	NOVEMBRE	DÉCEMBRE
Pluviomètre, millim.	154	72	32	8	46	0	0	0	20	45	55	110

TOTAUX : Jours, 31. Millimètres, 542.

VENTS. — Dominants du mois.

1862.	JANVIER	FÉVRIER	MARS	AVRIL	MAI	JUIN	JUILLET	AOUT	SEPTEMBRE	OCTOBRE	NOVEMBRE	DÉCEMBRE
	O.S.O.	O.S.O.	E.N.E.	O.N.O.	O.N.O.	O.N.O.	O.S.O.	N.O.	O.N.O.	O.N.O.	O.N.O.	O.S.O.
	S.O.	S.O.	N.E.	N.E.	N.E.	N.O.	O.N.O.	O.N.O.	N.O.	N.O.	S.O.	S.O.
	O.N.O.	O.N.O.	O.S.O.	N.O.	N.O.	N.E.	N.O.	0.	N.E.	O.S.O.	E.N.E.	O.N.O.

TOTAUX : Vents dominants N.O. — De l'année . . . N.O. — O.S.O.

1862.	JANVIER	FÉVRIER	MARS	AVRIL	MAI	JUIN	JUILLET	AOUT	SEPTEMBRE	OCTOBRE	NOVEMBRE	DÉCEMBRE
Orages	1	»	1	»	1	»	»	»	»	»	»	»
Tempêtes	»	»	»	2	»	»	»	»	»	»	»	»
Autres	»	»	Kamsin. 2	Kamsin. 2	Grêle. »	C.devent »	»	»	Eclairs 4 fois	Eclairs 5 fois	Eclairs 3 fois	»

TOTAUX : Orages, 5. — Éclairs, 12. — Tempêtes, 7. — Grêle, 5. — Kamsin, 4. — Brouillard, 9.

Temps de l'année.

Beau . . . . 147.	Couvert . . . . 25.	Jours de plein soleil . . 147
Variable . . . . . . 81.	Pluvieux . . . . . . 31.	Avec peu de soleil . . . 141
Nuageux . . . . . . 80.		Sans soleil 56

On peut considérer ce tableau comme représentant le climat du lac Menzaleh et des lacs Ballah.

J'aurais désiré mettre ici en regard un tableau des observations faites au Seuil, comme représentation du climat des pays secs du désert, ainsi que je l'ai fait l'année dernière; mais l'importance des travaux au Seuil, les nécessités d'un service actif, la maladie du médecin et du pharmacien, ont interrompu les observations; toutefois de notables différences ont été constatées. A Port-Saïd et au Seuil, le matin, l'air se trouve à peu près chargé d'une humidité égale; mais à mesure que le soleil monte, l'écart devient très-sensible. Tandis qu'à Port Saïd la différence est de 8 à 12 degrés, au Seuil elle va jusqu'à 30 et 40 degrés. La température offre aussi de grandes différences : au Seuil il fait plus froid l'hiver qu'à Port-Saïd. Cette année, il y a eu, le 14 janvier, de la glace à Toussoum et au Zebel-Mariam : c'est une exception. Des Arabes qui habitent ce désert, ne se souviennent pas d'avoir vu de la glace. L'air est vif dans le désert, le froid semble plus intense; par contre, l'été, la chaleur, bien que tempérée par la brise du nord, est plus élevée sur le Seuil. Quant à la pluie, il en tombe moins qu'à Port-Saïd; on peut dire qu'elle est rare.

Le climat a-t-il de l'influence sur la santé? Évidemment oui, mais il en a beaucoup moins qu'en France : l'hiver est en France la saison des plus graves maladies, des pneumonies surtout; cette seule maladie emporte le double de personnes de plus que l'hépatite et la dyssenterie en Égypte pendant l'été. L'insolation, par suite la méningite, est aussi une maladie de cette saison, mais il est facile de s'en garantir. Je ne cesserai de le répéter, le climat n'est que la cause prédisposante des maladies : la dyssenterie, l'hépatite, reconnaissent comme causes déterminantes des causes autres que le climat : on éviterait ces maladies en étant sobre et en prenant quelques précautions.

Dans l'isthme comme en Egypte, la santé de l'Européen qui vit régulièrement est excellente; mais il n'est pas fait pour se livrer à des travaux manuels, comme l'Arabe, au grand soleil. Il peut être gouvernant, administrateur, négociant, comptable, etc., etc., mais il ne sera jamais cultivateur ou terrassier; l'été, il doit travailler à l'ombre. Aussi la Compagnie ne doit pas oublier, dans son intérêt, que la terre en Egypte appartient aux fellahs et aux Arabes seuls, et que seuls ils peuvent la cultiver.

Maladies.

4.320 malades ont été traités et soignés tant dans les maisons de santé et les ambulances qu'à domicile, sans compter les consultations dont on a usé largement. Les médecins sont les premiers à engager les individus à les avertir ou à venir les trouver aussitôt qu'ils ressentent la moindre indisposition : c'est de la médecine préventive, et chacun en a compris l'importance.

A part les cas particuliers de fièvre typhoïde et de pneumonie dont nous avons parlé, les maladies sont toujours les mêmes et reconnaissent les mêmes causes. Les affections du tube intestinal, diarrhées, dyssenteries, embarras gastriques, fièvres gastriques, sont les plus fréquentes; viennent ensuite l'ophthalmie, les affections rhumatismales, quelques bronchites, et enfin l'hépatite, les autres maladies ne sont en quelque sorte qu'accidentelles. L'hépatite et la dyssenterie sont les seules maladies redoutables. Chez les Égyptiens elles sont mortelles : il n'est pas possible de les astreindre à suivre un régime. Chez les Européens, elles sont généralement très-graves et une des causes principales de la mortalité. Ces deux maladies, sauf de rares exceptions, comme cela m'est arrivé personnellement, s'annoncent par des symptômes précurseurs, qui permettent de combattre la maladie à son début et de s'en rendre maître : généralement elles reconnaissent comme cause déterminante des fatigues physiques ou morales, des imprudences ou des excès, et surtout l'usage des liqueurs alcooliques et d'une nourriture trop abondante. Il est rare de voir une attaque sérieuse de dyssenterie ou d'hépatite sur des personnes sobres et dont le moral n'est pas affecté. Lorsque la maladie se déclare, il est facile par le traitement, et si le malade veut écouter, d'arriver à une prompte guérison.

L'ophthalmie, les diarrhées et les embarras gastriques m'ont semblé cette année moins fréquents et moins persistants. Nous avons attribué ce résultat aux améliorations dans l'alimentation et les habitations, dans la qualité de l'eau surtout, et à ce que les individus prennent plus de précautions.

Il est certain que le tube intestinal a dû, cette année, se trouver dans de meilleures conditions que l'année dernière ; or l'ophthalmie a très-souvent son point de départ dans l'état des voies digestives.

Du reste, les causes prédisposantes et déterminantes

des maladies qui sont les plus fréquentes dans l'isthme sont aujourd'hui bien connues ; on pourrait facilement et avec un peu de bonne volonté garantir sa propre santé. Un fait acquis, c'est que parmi les personnes qui mènent une vie régulière, la maladie grave est rare.

Population et mortalité.

La population qui se trouve employée aux travaux de l'isthme ou sur les terres qui appartiennent à la Compagnie, se divise comme il suit :

Arabes des contingents, 240,000 hommes dans l'année, par mois.. 20,000

Arabes sédentaires, ouvriers.................. 4,200

Européens....... 2,000

Arabes et Européens employés aux travaux de l'isthme........... 26,200

Population de l'Ouady et de la vallée........ 10,000

Total de la population au service de la Compagnie, hommes, femmes et enfants.......... 62,400

Le service de santé a surveillé et soigné toute cette population.

La mortalité générale a été de 360 : presque 1 pour 100. En Europe dans les campagnes, elle est de 2.50 pour 100; en France, elle est de **2**.38 pour 100.

Parmi les fellahs et les Arabes de l'Ouady, la mortalité serait de 144, soit 1.52 pour 100.

Sur les travaux dans l'isthme, la population des travailleurs, employés et ouvriers, est :

Européens. 1,500

Arabes sédentaires, ouvriers, etc. . 3,500

Fellahs des contingents. . . . . . : 20,000

Total. 25,000

La mortalité a été :

Européens. . . . . . 22, soit 1.46 pour 100.
Arabes sédentaires. 60, soit 1.42   —
Contingents. . . . 97, soit 0.48   —

Les morts ont été régulièrement enregistrés ; ces chiffres ont leur éloquence. Que l'on cherche en Europe le pays le plus salubre, le plus riche, où règne le plus de bien-être, et je défie que l'on présente un chiffre de mortalité aussi peu élevé. En France, nos plus riches départements donnent une mortalité de 2.27 pour 100 ; dans l'armée, population choisie, jeune et bien soignée, la mortalité est de 1.94 pour 100.

Au sujet de la mortalité des contingents, je crois devoir faire une remarque : le chiffre des morts est authentique et incontestable. Ismaïl Bey, représentant du vice-roi sur les travaux, recueillait les bulletins. Y a-t-il eu en Egypte un travail public important exécuté dans des conditions à peu près identiques de paiement, de nourriture et de soins, c'est-à-dire fait par des contingents ? On pourrait citer le curage du Mahmoudié. Des contingents, payés et soignés, au nombre de 100,000 hommes, ont exécuté ce travail, sous les ordres de Mougel-Bey : la mortalité a été nulle ; quelques malades, 5 pour 1,000 ; or, c'était un travail dangereux. Au contraire, lorsque ce canal a été exécuté, la mortalité a été effrayante, 20 pour 100. Pourquoi cette différence ? C'est que dans le premier cas, le travail s'exécutait par des contingents payés, soignés comme nous le faisons, et que dans le second cas, le travail s'est exécuté par des corvées, et la corvée n'est ni payée ni soignée.

Le travail des chemins de fer a été exécuté par des corvées ; que l'on nous montre les tables de mortalité, surtout du chemin de fer du Caire à Suez. Il serait temps, je crois, de ne plus faire d'hypocrites lamentations sur le sort des fellahs.

Si la mortalité et la maladie ont été presque nulles dans l'isthme, on le doit aussi à ce que le travail s'exécute par des contingents payés et soignés, et non par corvée.

Service.

36,200 individus, dont il a fallu surveiller la santé ; 4,320 malades soignés à domicile, dans les maisons de santé ou aux ambulances ; deux fois autant de consultations données aux individus ; un triple service sanitaire, médical et pharmaceutique, sur une étendue de 165 kilomètres ; onze centres et toute la ligne des travaux à surveiller, afin qu'il ne soit porté aucune atteinte à la santé publique et à la salubrité de l'isthme, tel a été en résumé le travail du service de santé pendant cette année. Je viens d'en exposer les résultats.

Si du chiffre général de la population on soustrait celui de l'Ouady, celui des femmes et des enfants, il ne reste plus que l'effectif réel des travailleurs, 25,000 hommes répandus ou groupés sur un parcours de 105 kilomètres, que l'on doit considérer comme une armée pacifique en campagne.

Or, le chiffre de 25,000 hommes forme, pour une armée non pacifique, deux divisions et demie. Son personnel de santé se composerait de 313 individus :

Médecins et pharmaciens. 40
Infirmiers. 256
Comptables 17

Nous avons fait le service de nos 25,000 hommes avec 50 personnes :

Médecins et pharmaciens. 17
Infirmiers 32
Commis comptable. 1

Je pense que l'on ne trouvera pas le personnel du service de santé exagéré, vu les distances.

Quant aux dépenses que ce service de santé a pu entraîner, comme il n'a qu'un seul commis, et encore depuis quelque mois, qu'il s'est présenté plusieurs circonstances indépendantes de ma volonté, je n'ai pu réunir des chiffres exacts, mais je crois pouvoir assurer que la dépense de l'année ne dépassera pas 250,000 fr., ce qui porte pour chaque malade la dépense à 50 f. 87. A Paris, dans les hôpitaux, où l'on agit avec la plus sévère économie, le chiffre des dépenses par malade est de 79 fr. 95, ce qui porterait, si les malades dans l'isthme coûtaient autant qu'à Paris, notre dépense à

345,384 francs. Nous sommes loin d'arriver à ce chiffre, et cependant un malade dans l'isthme devrait coûter au moins le double de Paris ; c'est ce qui se passe du reste dans toutes les colonies : les malades coûtent plus du double de l'Europe.

Je n'entrerai pas dans d'autres détails : on connaît maintenant notre organisation générale et la manière dont le service fonctionne dans les circonscriptions.

En terminant, je me permettrai, monsieur le président, de noter le zèle et le dévouement dont le corps médical a fait preuve pendant cette campagne. Chacun a fait son devoir, tous ont payé de leur personne ; plusieurs ont manqué de périr, un d'eux est resté sur le champ de bataille.

Vous avez récompensé le service de santé, nous vous en remercions. Toutefois, permettez-moi d'ajouter qu'il est encore pour nous une plus belle récompense, c'est la satisfaction de pouvoir vous affirmer la salubrité de l'isthme et le maintien d'une parfaite santé parmi les travailleurs.

Daignez agréer, monsieur le président, l'assurance de mon entier dévouement.

Le médecin en chef de la Compagnie,

L. AUBERT-ROCHE.

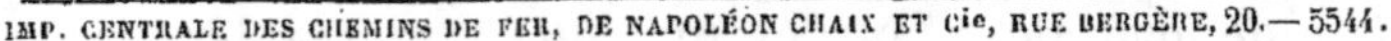

IMP. CENTRALE DES CHEMINS DE FER, DE NAPOLÉON CHAIX ET Cie, RUE BERGÈRE, 20. — 5544.

www.ingramcontent.com/pod-product-compliance
Lightning Source LLC
Chambersburg PA
CBHW061707060726
47597CB00006B/2238